Abeer Makhlouf

Controlo biológico de algumas doenças bacterianas em culturas de solanáceas

Abeer Makhlouf

Controlo biológico de algumas doenças bacterianas em culturas de solanáceas

ScienciaScripts

Imprint

Cover image: www.ingimage.com

This book is a translation from the original published under ISBN 978-3-659-84708-0.

Publisher:
Sciencia Scripts
is a trademark of
Dodo Books Indian Ocean Ltd. and OmniScriptum S.R.L publishing group

120 High Road, East Finchley, London, N2 9ED, United Kingdom
Str. Armeneasca 28/1, office 1, Chisinau MD-2012, Republic of Moldova, Europe
Printed at: see last page
ISBN: 978-620-8-29135-8

ÍNDICE DE CONTEÚDOS

RECONHECIMENTO

O autor deseja agradecer à LAMBERT Academic Publishing pela produção deste livro. Gostaria de expressar o meu sincero agradecimento ao meu pai, Sr. **Hamdy Abd El- Gaffar, pelo seu** contínuo encorajamento**. Dr.ª Faiza Kamal Abd El-Fattah,** Professora de Microbiologia, Solos, Água e Ambiente, Instituto de Investigação, Giza, por ter sugerido o problema, pela sua grande ajuda e pelo seu contínuo encorajamento durante a realização deste estudo.

Um agradecimento especial é também devido ao **Dr. Mazrou. S.yasser.** Professor de Economia Agrícola, Faculdade de Agricultura, Universidade de Tanta, pela sua ajuda amável e contínua.

Um agradecimento especial e um profundo reconhecimento aos meus filhos **Mohamed, Kareem e Ahmed**, pelo seu encorajamento.

Parte 1

Bio-gestão da sarna bacteriana de *Streptomyces Scabies* na batata utilizando alguns actinomicetos

Capítulo 1

Introdução

A batata *(Solanum tuberosum* L.) é uma das culturas hortícolas mais importantes no Egito, tanto para consumo local como para exportação. É amplamente cultivada e pode contribuir para reduzir a escassez de alimentos a nível mundial (Han *et al.*, 2005). Uma das doenças mais importantes da batata é a sarna comum, causada por *Streptomyces scabies.* É endémica em todas as zonas de cultivo de batata do mundo (Loria *et al.*, 2006; Wanner, 2004). Várias espécies de *Streptomyces* podem causar PCS, mas *a Streptomyces scabies* é considerada predominante (Lambert e Loria, 1989). E pode infetar várias culturas de raízes, incluindo rabanete, beterraba e cenoura). A doença tem pouco impacto no rendimento total da batata, mas prejudica o aspeto, a qualidade e a capacidade de comercialização dos tubérculos (Johnson e Powelson, 2008). Têm sido utilizados vários métodos para controlar a sarna da batata, incluindo: Plantação de variedades resistentes e práticas agrícolas como o excesso de irrigação durante a formação dos tubérculos (Lapwood e Adams, 1975). No entanto, todos estes métodos são menos eficazes e duradouros, raramente impedindo a ocorrência da doença, mas geralmente reduzindo a sua gravidade. 3- Controlo químico, como o (3,5- D,telon) e (polyram e mancozeb). No entanto, estes produtos químicos aumentam a fitotoxicidade para os tubérculos acabados de cortar e diminuem o tamanho e o rendimento dos tubérculos. Por conseguinte, é necessária mais investigação sobre métodos não químicos de produção de batata, que parecem ser mais justificados do que outros. O controlo biológico é uma alternativa adequada ao controlo químico.

Os microrganismos são fontes virtualmente ilimitadas de novos compostos com muitas aplicações medicinais e agrícolas. Os actinomicetos, entre eles, ocupam uma posição proeminente devido à sua capacidade de produzir numerosos metabolitos diferentes, como antibióticos, enzimas e inibidores (Xu *et al.,* 2005). Além disso, a descoberta de novos compostos de chumbo antibióticos e não antibióticos através do rastreio de metabolitos secundários microbianos está a tornar-se cada vez mais importante. Nos últimos anos, tem havido um interesse crescente na descoberta de novos antibióticos agrícolas para a proteção dos nossos ambientes vivos. O género Streptomyces é o maior produtor de compostos bioactivos (Chun *et al.,* 1997; Labeda *et al.,* 1997).

Os actinomicetos são gram-positivos, aeróbicos, com elevado teor de GC e 0,5-1,0 pm de tamanho. São colónias filamentosas, esporulantes e reconhecidas como um grupo de transição entre bactérias primitivas e fungos (Lo *et al.,* 2002). Entre os grupos de actinomicetos, *os Streptomyces* são os mais populares e encontram-se em todo o mundo no solo, sendo importantes na ecologia do solo. Pertencem à ordem Actinomycetales. *Os Streptomyces* são metabolicamente diversos e podem utilizar quase tudo como fonte de carbono devido à sua capacidade de produzir enzimas hidrolíticas extracelulares, incluindo açúcares, álcoois, aminoácidos, ácidos orgânicos, compostos aromáticos e outros substratos complexos como a celulose, a manana e a xilana. São também bem conhecidos pela sua capacidade de produzir antibióticos e outros metabolitos secundários (Willey *et al.,* 2008). Assim, estes microrganismos têm sido implicados no antagonismo de uma grande variedade de bactérias, fungos e nemátodos patogénicos para as plantas, tendo em vista a sua potencial utilização como agentes de controlo biológico de doenças (Sahilah *et al.,* 2010).

No contexto da informação fornecida acima, os objectivos deste estudo foram avaliar o potencial destas duas estirpes de Actinomycetes supressoras produtoras de antibióticos para controlar a sarna da batata.

Capítulo 2

Materiais e métodos

2.1 Isolamento de *Streptomyces scabies* (agente patogénico)

Foram colhidas amostras de solos e tubérculos de cultivares de batata com sintomas de sarna em campos de diferentes locais de cinco províncias (Kafr El-Sheikh, El-Gharbiya, El-Minufya, El-Dakahlia e El-Nobaria) no Egito. O isolamento de actinomicetos das lesões de sarna foi efectuado essencialmente como descrito por Lawrence (1956). As propriedades culturais, morfológicas, microscópicas e patológicas foram consideradas para identificar os agentes patogénicos isolados, de acordo com Burgess *et al.* (1994).

2.2 Caracterização morfológica e fisiológica *de Streptomyces scabies* (agente patogénico)

A morfologia dos esporóforos foi examinada microscopicamente, e a cor dos esporos e das colónias foi observada em ágar de aveia (OMA) após 14 dias de incubação a 28°C (Holt, 1994). A produção de pigmento solúvel foi observada após 4 dias de incubação a 28°C. A capacidade de utilizar os açúcares do Projeto Internacional Streptomyces (ISP) foi testada no meio basal padrão (Shirling e Gottlieb, 1966).

2.3 Teste de patogenicidade

Os testes de patogenicidade foram realizados em cultivares de batata, utilizando os métodos descritos por Labruyere (1971).34 As estirpes foram isoladas e testadas quanto à sua patogenicidade. Os inóculos foram preparados cultivando as estirpes de teste durante duas semanas a 30° C em tubos de 50 ml contendo vermiculite esterilizada saturada com uma solução de Say modificada composta por 20 g de sacarose, 1,2 g de L-asparagina, 0,6 g de K2HPO4 e 10 g de extrato de levedura por litro de água. As cultivares saudáveis Cara e Diamond foram plantadas em vasos de 35cm de diâmetro contendo solo argiloso estéril misturado com 20ml de inóculo. As plantas foram dispostas numa câmara de crescimento como um bloco completo aleatório com três réplicas. Os controlos sem inóculo foram incluídos nos testes. As batatas foram colhidas ao fim de três meses e os tubérculos foram examinados para deteção de sintomas de sarna comum.

2.4 Rastreio e isolamento de antagonistas

Os antagonistas foram isolados a partir de amostras da rizosfera do solo de zonas de produção de plantas de batata saudáveis em algumas províncias do Egito. Os bioagentes utilizados foram isolados em meios selecionados de acordo com os métodos recomendados por Anonymous (1984), Burgess *et al.* (1994) e Turner *et al.* (1998).

2.5 Controlo biológico dos microrganismos testados no agente patogénico da sarna da batata.

In vitro

A atividade antagonista foi estimada pelo método de difusão em disco (Barakate *et al.*, 2002). Um disco de 5 mm de diâmetro de cada microrganismo (de uma cultura com 48 horas de idade) foi colocado na superfície de placas OMA semeadas com o patógeno da sarna da batata. As placas foram incubadas a 28 °C durante 24 h. A zona de inibição à volta dos discos indicou a interação antagonista.

In vivo

Os vasos de 30 cm de diâmetro foram preenchidos com solo argiloso não esterilizado na proporção de 8 kg por vaso. A infestação do solo com o agente patogénico *Streptomyces scabies* (controlo) e microrganismos antagonistas, nomeadamente *(Actinomycetes odontolyticus, Streptomyces avermitilis, Streptomyces griseus, Bacillus subtilis, Bacillus thuringiensis, Trichoderma hamatum* e *Trichoderma koningii)* de acordo com (Michel e Mew, 1998). Um tubérculo de cada uma das cultivares de batata (Cara e Diamante) foi plantado por vaso (uma réplica). Cada tratamento foi representado por seis réplicas. Na colheita, foram registados o peso médio dos tubérculos e a percentagem de tubérculos doentes.

Análise estatística.

Os dados obtidos foram analisados estatisticamente de acordo com o método de Gomez e Gomez, (1984).

2.6 Caracterização molecular de *Streptomyces avermitilis* e *Actinomycetes odontolyticus*

Extração de ADN genómico de actinomicetos e *Streptomyces*. A extração de ADN - foi realizada seguindo o método CTAB de acordo com (Azadeh e Meon, 2009). Dez colónias de bactérias foram inoculadas em 10 mL de caldo nutriente e incubadas a 28±2°C durante a noite. Um mL da cultura de um dia para o outro foi transferido para um tubo eppendorf de 1,5 mL e centrifugado durante 30 segundos a 13.000 rpm. As células bacterianas foram recolhidas descartando o sobrenadante e ressuspendidas em 567 pL de tampão TE (10 mM Tris-HCL, pH 7,4, 1 mM EDTA e 1 L de água destilada), misturando bem em vórtice. Em seguida, foram adicionados 30 pL de SDS a 10 %, 3 pL de NAOAC (acetato de sódio) pH 5,2, 100 pL de NaCl 5 M e 80 pL de CTAB-NaCl para um volume total de 780 pL e misturados bem antes de incubar durante 10 minutos num banho de água a 65°C. Adicionou-se um volume igual (780 pL) de clorofórmio/álcool isoamílico (24:1) à mistura e centrifugou-se a 13000 rpm durante 5 min para separar as fases. O sobrenadante límpido foi transferido para um novo tubo eppendorf e a camada aquosa de ADN foi novamente extraída utilizando fenol/clorofórmio/álcool isoamílico (25:24:1). Este passo foi repetido 3 vezes e o sobrenadante reunido. O sobrenadante límpido foi transferido para um novo tubo eppendorf e foram adicionados 400 pL de isopropanol para precipitar o ácido nucleico. Finalmente, o ADN foi lavado com 200 pL de etanol a 75% arrefecido e seco à temperatura ambiente (28±2°C) antes de ser dissolvido em 100 pL de água destilada esterilizada e mantido a -20°C para análise posterior. A eletroforese foi efectuada para identificar os ácidos nucleicos após a extração do ADN em gel de agarose a 1% e em TBE (base de Tris, ácido bórico, EDTA 0,5 M 8

1L ddH2O, pH 8,0). Os produtos foram misturados com tampão de corante de carga (MBI Fermentas) numa proporção de 5:1 e submetidos a eletroforese a 70 volts durante 1 h e 45 min. Foi utilizada como marcador uma escada de ADN de 100 pb (MBI Fermentas). O gel foi corado com uma solução de brometo de etídio e as bandas foram visualizadas e fotografadas com uma câmara digital Sony.

Conceção dos iniciadores e amplificação por PCR

O iniciador oligonucleotídico para o gene16S rDNA foi 16S-1f (5'-GCTAGTTGGTGGGGTAA-3',17mer) e 16S-2r (5'-GCCATCTCAGTTCGGATTG-3'; 18 mer) foram concebidos com base na sequência do gene 16 S *de E. coli* (correspondente às posições 247 a 263 e 1291 a 1309; sistema de numeração de *E coli*) (Wilems e Collins, 1993). O iniciador oligonucleotídico para o gene de tolerância ao glifosato foi AroA f (5'-GCTCTAGAAGTGTTGGAACAATATG-3'; 27 mer) e AroA r (5'-TTACTCGAGTGAGAATTAAATTGATGG-3'; 33 mer) (Sun *et al,* 2005). A reação de amplificação para as bactérias foi realizada em 25 pL de volume total contendo 2 pL de ADN como modelo, 2,5 pL de tampão PCR 10 (Fermentas), 1,5 pL de MgCl2 25 mM (Fermentas), 0,2 pL de 10 mMdNTPs, 0,1 pL de oligonucleótidos iniciadores, 0,1 pL de Taq polimerase (Fermentas) e 18,5 pL de água destilada esterilizada. A amplificação foi efectuada num termociclador (Biometra®,T3thermocycler) (Syngene, UK) programado para pré-desnaturação de 3 min a 94°C, 30 ciclos de 1min a 94°C, 1min a 58°C e 2 min a 72°C. Após uma extensão final de 7 min a 72°C, as amostras foram arrefecidas a 4°C.

Análise da sequência de nucleótidos:

Os produtos da PCR foram purificados utilizando um kit comercial (QIA Quick PCR purification kit (Qiagen, Valencia, CA), de acordo com as instruções do fabricante. Após a purificação, os produtos de PCR foram enviados para serviços de sequenciação na Sigma Co. Alemanha. As sequências do gene 16 S foram alinhadas utilizando o software BioEdit versão 7.0.8 (http://www.mbio.nscu.edu/bioEdit/bioEdit) e procurou-se a semelhança das sequências com outras sequências disponíveis na base de dados do NCBI em http://www.ncbi.nih.gov utilizando o algoritmo Basic Local Alignment Search Tool (BLAST). Foram efectuados alinhamentos de sequências múltiplas nas sequências selecionadas estreitamente relacionadas disponíveis utilizando o software bioedit (http://bioedit.edu/).

Análise filogenética:

A análise filogenética foi efectuada com base nas sequências de nucleótidos do gene 16 S utilizando o software draw tree fornecido pelo Biology Workbench Program (http://workbench.sdsc.edu/). Número da base de dados JYZVMFRR015, K12FNS3P01S

Capítulo 3

Resultados e discussão

3.1 Isolamento de *Streptomyces scabies* (agente patogénico).

Streptomyces scabies Waksman & Henrici ocorre em todo o mundo e causa sarna comum em tubérculos de batata (Hooker, 1981). A estirpe-tipo de *S. scabies* (ATCC 49173) (Lambert e Loria, 1989) caracteriza-se por esporos cinzentos que nascem em cadeias espirais (esporóforos), produção de pigmento de melanina em meio contendo tirosina (ágar peptona-ferro) e utilização de todos os açúcares de diagnóstico recomendados pelo Projeto Internacional Streptomyces (ISP) (Shirling e Gottlieb, 1966) para a identificação de *Streptomyces* spp. *S. scabies* não cresce a pH 4,5 (Lambert e Loria, 1989). Consequentemente, a sarna comum é menos grave em solos ácidos e não ocorre normalmente em solos com pH < 5,2. A severidade da sarna comum também pode ser reduzida mantendo a humidade do solo elevada com irrigação e cultivando cultivares resistentes (Lindholm *et al.*, 1997).

3.2 Descrição dos estreptomicetos isolados de plantas de batata com sarna.

Foram isolados *Streptomyces spp.* de plantas de batateira com sarna colhidas em campos de diferentes locais de muitas províncias do Egito (quadro 1). Os tubérculos sarnosos originais apresentavam uma série de sintomas, desde pequenas lesões superficiais discretas que cobriam partes de um tubérculo até lesões grandes, profundas, coalescentes, em relevo ou com caroços que cobriam a maior parte ou a totalidade de um tubérculo. A sua patogenicidade variava também no rabanete e nas cultivares de batata.

Tabela 1: Regiões dos isolados patogénicos e teste de patogenicidade.

Região	Fonte isolada	Tipo de crosta	Não. isolar	de Patogenicidade	
				sPotao tubérc	Mudas de rabanete
Kafr El-Sheikh	Tubérculo	Comum	6	+	+
Kafr El-Sheikh	Solo	-	3	+	+
El-Gharbiya	Tubérculo	Comum	8	+	+
El-Gharbiya	Solo	-	4	+	-
El-Minufya	Tubérculo	Superficial	3	+	-
El-Minufya	Solo	-	1	+	+
El-Dakahlia	Tubérculo	Comum	7	+	+
El-Dakahlia	Solo	-	0	+	+
El-Nobaria	Tubérculo	Superficial	2	+	+
El-Nobaria	Solo	-	0	+	-

+ Reação positiva

- Reação negativa

3.3 Caracterização morfológica e fisiológica *de Streptomyces scabies* (agente patogénico).

A observação morfológica da cultura com 7-15 dias de idade da estirpe isolada da sarna da batata revelou que tanto as hifas aéreas como as vegetativas eram abundantes e bem desenvolvidas. Foram desenvolvidas longas cadeias de esporos no micélio aéreo. O micélio aéreo foi observado após o 15º dia de incubação em todos os meios de ensaio. As caraterísticas culturais da estirpe são apresentadas no Quadro 2. O micélio aéreo desta estirpe era abundante, bem desenvolvido e variava entre castanho e branco nos diferentes meios testados.

As hifas do substrato variavam de amarelo-pálido a castanho ou branco. Foram produzidos pigmentos difusíveis amarelos em meio de extrato de levedura-extrato de malte e melanina em meio de Peptone-extrato de levedura-ferro.

Quadro 2: Caraterísticas culturais da estirpe *Streptomyces scabies.*

Médio	Cor do micélio aéreo	Cor do micélio do substrato	Produção de pigmento solúvel
Extrato de leveduras-malte (meio ISP 2)	Castanho	Amarelo	Amarelo
Ágar farinha de aveia (meio ISP 3)	Branco	Branco	Nenhum
Peptona-Extrato de levedura-Ágar ferro (meio ISP 6)	Castanho	Castanho	Melanina
Ágar tirosina (meio ISP 7)	Amarelado Branco	Branco	Nenhum
Ágar nutriente	Branco	Branco	Nenhum
Ágar de Czapek	Branco	Branco	Nenhum

ISP, Projeto Internacional Streptomyces Shirling e Gottieb (1966).

As caraterísticas fisiológicas e bioquímicas da mesma estirpe isolada da sarna da batateira são indicadas no quadro 3

Tabela 3: Caracterização morfológica e fisiológica de *Streptomyces scabies.*

Caraterística	Resultados
Forma da célula	Hifas em espiral
Tamanho da célula	Longo
Cor do micélio ariano	Cinzento a castanho
Cor dos esporos	Cinzento
Coloração de Gram	+ve
Ágar de produção de pigmentos	castanho
Temperatura óptima.	28-30°
Utilização do açúcar:	
Manitol	++
Frutose	+
Sacarose	++
Arabinose	+
Glicose	++
Frutose	+
Rafinose	+
Rhamnose	+
Hidrólise do amido	-
Liquefação de gelatina	+
Formação de indol	-
Atividade da catalase	+
Teste V.P.	+
Vermelho de metilo (MR)	-
Produção de H2S	-
Reação do azoto	-
Leite de tornesol	+

+ Utilização positiva

+ + forte utilização positiva

Estes resultados foram concordantes com os resultados apresentados por (Lindholm *et al.*, 1997) que demonstraram que *S. scabie* (estirpe tipo ATCC

49173) é caracterizada por esporóforos em espiral e esporos cinzentos, produção de pigmento de melanina em ágar peptona-ferro, utilização de todos os açúcares ISP e patogenicidade na batata. Também a cor das colónias e a produção de pigmentos difusíveis são critérios para a identificação da espécie.

3.4 Teste de patogenicidade

Os resultados obtidos mostram claramente que os sintomas da sarna comum da batateira variam consoante o *Streptomyces scabies*.

3.5 Rastreio e isolamento de antagonistas

Estudo preliminar de 3 *actinomicetas (Actinomycetes odontolyticus, Streptomyces avermitilis* e *Streptomyces griseus),* 2 bactérias *(Bacillus subtilis* e *Bacillus thuringiensis)* e 2 fungos *(Trichoderma hamatum* e *Trichoderma koningii)* isolados.

3.6 Controlo biológico dos microrganismos testados no patogénio da sarna da batata. <u>In vitro</u>

Os organismos isolados, 3 estreptomicetos, 2 bactérias e 2 fungos, foram analisados contra o fitopatógeno *Streptomyces scabies* e mostraram atividade antagonista em relação a este, como se mostra no quadro (4).

Quadro 4: Eficiência antagónica dos microrganismos isolados na sarna da batata.

Antagonismo	Zona de inibição em mm
Actinomicetes odontolyticus	48.9
Streptomyces avermitilis	51.6
Streptomyces griseus	32.0
Bacillus subtilis	24.9
Bacillus thuringiensis	24.3
Trichoderma hamatum	19.6
Trichoderma koningii	22.9

<u>In vivo</u>

Aquando da colheita, foi determinado o peso médio dos tubérculos e a percentagem de tubérculos doentes. As duas estirpes que mostraram a maior zona de eliminação da *sarna (Streptomyces avermitilis e Actinomycetes odontolyticus)* apresentaram um peso médio elevado dos tubérculos e também uma percentagem de doença nos tubérculos (um elevado controlo biológico da doença), como se mostra no quadro (5).

Quadro 5: peso médio dos tubérculos e percentagem de tubérculos doentes.

Organismos	Peso médio do tubérculo		% de tubérculos doentes	
	Diamante	Cara	Diamante	Cara
Streptomyces scabies	76.67AB	53.57B	96.89A	94.14A
Actinomicetes odontolyticus	79.32 A	58.38 A	0.00 F	0.00 E
Streptomyces avermitilis	78.08 A	53.45 B	0.00 F	0.00 E
Bacillus subtilis	66.79 C	50.35 C	2.147 E	0.00 E
Bacillus thuringiensis	64,28 CD	48.67 D	9.443 D	5.803 D
Streptomyces griseus	74.01 B	53.57 B	31.51 B	22.13 B
Trichoderma koningii	62.04 D	40.15 E	16.27 C	15.16 C
Trichoderma hamatum	70.00 A	50.01 B	50.12 A	23.21 B
L.S.D	3,604 a 0,05		0,689 a 0,05	

É digno de nota que as estirpes *Streptomyces avermitilis* e *Actinomycetes odontolyticus* apresentaram uma elevada proteção de antibiose contra

Os agentes patogénicos são submetidos a identificação adicional (caraterísticas morfológicas, culturais e bioquímicas) (Quadros 6 e 7).

Tabela 6: Caraterísticas culturais das duas estirpes antagonistas *de Streptomyces scabies*

Médio	Cor do micélio aéreo		Cor do micélio do substrato		Produção de pigmento solúvel	
	Estirpe 1	Estirpe 2	Estirpe 1	Estirpe 2	Estirpe 1	Estirpe 2
Ágar de extrato de levedura e extrato de malte (meio ISP 2)	Castanho	Castanho alaranjad o	Amarelo	Castanho	Amarelo	Amarelo
Ágar de aveia (FSI média 3)	Branco a amarelo	Branco a amarelo	Branco	Branco	Nenhum	Nenhum
Peptona - extrato de levedura - ágar ferro (meio ISP 6)	Castanho	Castanho	Castanho	Castanho	Melanina	Melanin a
Ágar tirosina (meio ISP 7)	Amarelado Branco	Amarelo	Branco	Branco	Nenhum	Nenhum
Ágar nutriente	Branco	Castanho	Branco	Amarelo	Nenhum	Nenhum
Ágar de Czapek	Branco a amarelo	Castanho	Branco	Amarelo	Nenhum	Nenhum

ISP, Projeto Internacional Streptomyces Shirling e Gottieb (1966).

Estirpe 1: *Streptomyces avermitilis* Estirpe 2: *Actinomycetes odontolyticus*

A observação morfológica da cultura com 7-15 dias de idade das estirpes isoladas e que mostraram antagonismo contra a sarna da batata revelou que tanto as hifas aéreas como as vegetativas estavam bem desenvolvidas. No micélio aéreo nasceram longas cadeias de esporos. O micélio aéreo foi observado após o 15º dia de incubação em todos os meios de ensaio. As caraterísticas culturais das duas estirpes são apresentadas no Quadro 5. O micélio aéreo da estirpe 1 era abundante, bem desenvolvido e variava de branco a castanho nos diferentes meios testados. As hifas do substrato variavam entre branco e castanho. O micélio aéreo da estirpe 2 era bem desenvolvido e variava de branco a castanho-alaranjado nos meios testados. As hifas do substrato variavam entre branco e castanho. O pigmento difusível melanina foi observado no meio ISP-6.

Estes resultados também foram consistentes com os resultados obtidos para as sequências de ADN do gene 16SrDNA, indicando que uma das duas spp. pertence aos actinomicetes e a outra é representada como *Streptomyces* sp.

Tabela 7: Caracterização morfológica e fisiológica dos dois organismos antagonistas.

Caraterística	Resultados	
	Estirpe 1	Estirpe 2
Forma das células	Hifas	Hifas
Tamanho	Longo	Longo
Coloração de Gram	+	+
Esporulação	+	+
Motilidade	-	-
Crescimento do meio KBA	-	-
Temperatura óptima.	28-30º	30º
Utilização do açúcar:		
Manitol	AG	A
Frutose	-	A
Sacarose	AG	AG
Arabinose	-	A
Glicose	A	A
Galactose	A	A
Lactose	-	-

Maltose	A	AG
Dextrose	AG	AG
Glicerol	A	A
Mentol	-	A
Rafinose	-	-
Hidrólise do amido	-	-
Liquefação de gelatina	+	+
Formação de indole	-	-
Atividade da catalase	+	+
Atividade lipolítica	+	-
Teste V.P.	+	+
Vermelho de metilo (MR)	-	-
Produção de H2S	-	-
Redução de nitratos	-	+
Coagulação do leite	+	+

(+) Reação positiva G: Gás

(-) Reação negativa A: Ácido

estirpe 1: *Streptomyces avermitilis* estirpe 2: *Actinomycetes odontolyticus*

3.7 Identificação das duas spp. utilizando sequências parciais de ADN 16SrDNA

Dois actinomicetos foram examinados para a amplificação específica das sequências do gene 16S rDNA (Azadeh e Meon, 2009). Como indicado no quadro 4, os microrganismos mais activos contra a sarna da batata foram as estirpes 1 e 2. Foram identificadas como espécies de *Streptomyces* com mais de 100% de semelhança de sequência. A estirpe 1 e a estirpe 2 foram identificadas até ao nível de espécie, nomeadamente *Streptomyces avermitilis* MA-4680 e *Actinomyces odontolyticus* ATCC 17982, respetivamente.

A análise do 16SrDNA de espécies de Streptomyces mostrou que o 1st

A estirpe foi agrupada num ramo com *Streptomyces coelicolor* A3 (valor de semelhança de 97%; os vizinhos mais próximos. A sequência quase completa do gene 16S rRNA de 1 estirpe[st] foi determinada neste estudo e foi depositada na base de dados GenBank. Esta sequência foi submetida a pesquisas de semelhança em bases de dados públicas para inferir uma possível relação filogenética desta estirpe. Esta análise revelou que a estirpe era um membro do género Streptomyces. Foi construída uma árvore de vizinhança (Saitou e Nei, 1987) (Figura 1) baseada em sequências do gene 16S rDNA para mostrar as relações entre a estirpe e algumas outras espécies de Streptomyces relacionadas. A análise de bootstrap foi utilizada para avaliar a topologia da árvore dos dados de junção de vizinhos através da realização de 1000 semelhanças (Felsenstein, 1985). Assim, com base nos resultados das análises fenotípicas e genotípicas acima referidas, a estirpe 1 deve representar uma espécie do género Streptomyces, para a qual propomos o nome *Streptomyces avermitilis* MA-4680.

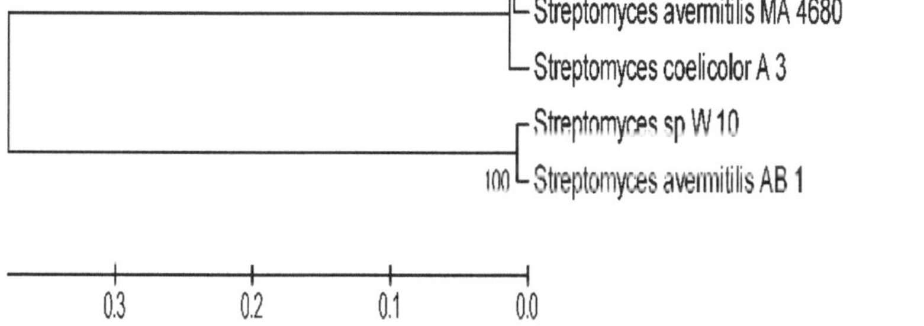

Figura 1. Dendrograma filogenético obtido por análise da matriz de distância das sequências de 16S rDNA, mostrando a posição da estirpe *Streptomyces avermitilis* MA-4680 entre os vizinhos filogenéticos. Os números nos nós dos ramos são valores de bootstrap (1000 reamostragens).

Descrição de *Streptomyces avermitilis* MA-4680

Os organismos Gram positivos, tanto as hifas vegetativas como as aéreas, eram abundantes e bem desenvolvidas, formando esporos. O micélio aéreo variava de branco a castanho. As hifas do substrato variavam de branco a castanho. O pigmento difusível melanina foi observado no meio ISP-6. A liquefação da gelatina, a atividade da catalase, a atividade lipolítica, o teste V.P. e a coagulação do leite foram positivas, enquanto a hidrólise do amido, a produção de H_2S e indol e a redução de nitratos foram negativas. A glucose, o manitol, a sacarose, a galactose, a maltose, a dextrose e o glicerol são utilizados, mas não a frutose, a lactose, a arabinose, a rafinose e o manitol.

A análise do 16SrDNA para 2nd estirpe revelou que a espécie Streptomyces foi agrupada num ramo com *Actinomyces odontolyticus* C 505 (valor de semelhança de 98%; os vizinhos mais próximos).

A sequência quase completa do gene 16S rRNA de 2 estirpes dend foi determinada neste estudo e foi depositada em

na base de dados GenBank. Esta sequência foi submetida a pesquisas de semelhança em bases de dados públicas para inferir possíveis relações filogenéticas desta estirpe. Esta análise revelou que a estirpe era um membro do género actinomicetes. Foi construída uma árvore de associação de vizinhos (Saitou e Nei, 1987), como se mostra na figura (2), com base nas sequências do gene 16S rDNA, para mostrar as relações entre a estirpe 2 e algumas outras espécies de actinomicetos relacionadas. A análise de bootstrap foi utilizada para avaliar a topologia da árvore dos dados de junção de vizinhos, efectuando 1000 reampliações (Felsenstein, 1985). Assim, com base nos resultados das análises fenotípicas e genotípicas acima referidas, a estirpe 2 deve representar uma espécie do género actinomycetes, para a qual propomos o nome *Actinomyces odontolyticus* ATCC 17982.

Figura 2. Dendrograma filogenético obtido por análise da matriz de distância das sequências de 16S rDNA, mostrando a posição da estirpe *Actinomyces odontolyticus* ATCC 17982 entre os vizinhos filogenéticos. Os números nos nós dos ramos são valores de bootstrap (1000 reamostragens).

Descrição de *Actinomyces odontolyticus* ATCC 17982

Os organismos Gram positivos, tanto as hifas vegetativas como as aéreas, eram abundantes e bem desenvolvidas, formando esporos. O micélio aéreo da estirpe 2 variou de branco a castanho-alaranjado nos meios testados e as hifas do substrato de branco a castanho. A liquificação da gelatina, a atividade da catalase, a redução do nitrato, o teste V.P. e a coagulação do leite foram positivas, enquanto a hidrólise do amido, a produção de H_2 S e de indol foram negativas. A glucose, o manitol, a frutose, a sacarose, a arabinose, a galactose, a maltose, a dextrose e o glicerol são

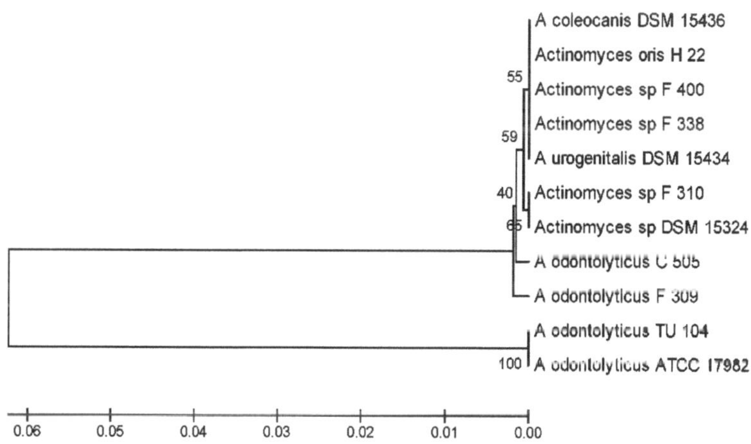

utilizados, mas não a lactose e a rafinose.

Os resultados do presente estudo fornecem provas suficientes para recomendar a utilização de Actinomycetes odontolyticus e streptomyces overmitils como agentes de biocontrolo bem sucedidos contra streptomyces scabies que causam a sarna comum nas duas variedades de batata (Diamond e Cara).

Referências

Anónimo (1984). *Manual de Bacteriologia Sistemática de Bergey.* Bactérias gram positivas comuns. Vol. 1. Krieg, N.R. (ed.). Ordinary gram negative bacteria. Vol. 2, Sneath, P.H.A. (ed.). Williams and Wilkins, Baltimore, EUA.

Azadeh, B. e S. Meon, (2009). Caracterização molecular de *Pseudomonas aeruginosa* UPM P3 da rizosfera da palma de óleo. Amer. J. Appl. Sci. 6 (11): 19151919.

Barakate, M., Ouhdouch, Y., Oufdou, K. e Beaulieu, C. (2002) . Caracterização de estreptomicetos de solo rizosférico de habitats marroquinos e suas actividades antimicrobianas. *Revista Mundial de Microbiologia e Biotecnologia18:* 49-54.

Burgess, L.W.; Summerell, B.A.; Bullock, S.G. e Backhouse. K.P.D. (1994). *Manual de Laboratório para Pesquisa de Fusarium.* 3ª Ed. Universidade de Sydney.133pp.

Chun J., Youn, H.D., Yim Y.I., Lee H., Kim M.Y., Hah Y.C. e Kang S.O. (1997). *Streptomyces seoulensissp.* nov. Int. J. Syst. Bacteriol. 47: 492-498.

Felsenstein, J. (1985). Confidence limits on phylogenies: an approach using the bootstrap. Evolution 39: 783-791.

Gomez, K.A. e Gomez, A.A. (1984). Statistical Procedures for Agricultural Research. 2ª Ed. John Wiley and Sons, pp. 229-308

Han, J.S.; Cheng, J.H.; Yoon, T.M.; Song, J.; Rajkarnikar, A.; Kim, W.G.; Yoo,
I. D.; Yang, Y.Y. e Suh, J.W. (2005). Agente de controlo biológico da sarna comum através da estirpe antagonista *Bacillus* sp. sunhua. *J. Appl. Microbiol,* **99**: 213-221.

Holt, J. G., Krieg, N. R., Sneath, P. H. A., Staley, J. T., e Williams, S. T. (1994). Bergey's Manual of Determinitive Bacteriology, 9ª ed., Williams and Wilkins, Baltimore. Williams and Wilkins, Baltimore, MD.

Hooker, W. J. (1981). Sarna comum. Páginas 33-34 em: Compêndio de Doenças da Batata. American Phytopathological Society, St. Paul, MN.

Johnson, D. A., e Powelson, M. L. (2008). Potato Health Management. American Phytopathological Society Press, St. Paul, MN.

Labeda D.P., Lechevalier M.P. e Testa R.T. (1997). *Streptomyces stramineus* sp. nov., uma nova espécie de streptomycetes verticilados. Int. J. Syst. Bacteriol. 47: 747-753.

Labruyere, R.E. (1971). Sarna comum e seu controlo em sementes, culturas de batata. Centro de Publicação e Documentação Agrícola, Wageningen, Países Baixos.

Lambert, D. H., e Loria, R. (1989). *Streptomyces scabies* sp. nov. nom. Rev. Int. J .Syst. Bacteriol. 39:387-392.

Lapwood, D. II. e A DAMS, m. j. (1975). Mecanismos de controlo da sarna comum pela irrigação. P123-129 em: Biology and Control of soil borne Pathogens. G. W. Bruehl, ed. The American Phytopathological Society, St. Paul, MN.

Lawrence, C. H. (1956). Um método de isolamento de Actinomycetes de tecido de batata com sarna e solo com contaminação mínima. Can. J. Bot.34:44-47.

Lindholm, P., Kortemaa, H., Kokkola, M., Haahtela, K., Salkinoja-Salonen, M., e Valkonen, J. P. T. (1997). *Streptomyces* spp. isolados de lesões de sarna da batata em condições nórdicas na Finlândia. Plant Dis. 81:1317-1322.

Lo, C.W., Lai, N.S., Cheah, H-Y., Wong, N.K.I.e Ho, C.C. (2002). Actinomicetos isolados de amostras de solo de Crocker RangeSabah. *ASEAN Review of Biodiversity andEnvironmental Conservation* (ARBEC).

Loria, R., Kers, J., e Joshi, M. (2006). Evolução da patogenicidade das plantas em *Streptomyces.* Annu. Rev. Phytopathol. 44:469-487.

Michel, V.V. e Mew, T.W. (1998). Efeito da alteração do solo na sobrevivência de *Rastonia solanacearum* em diferentes solos. Phytopathology .88: 300-305.

Sahilah, A.M.; Tang, S.Y.; Zaimawati, M.N.; Rosnah, H.; UmiKalsum, M.S. e Son, R. (2010). Identificação e caraterização de actinomicetos para o controlo biológico da murcha bacteriana de *Ralstonia solanacearum* isolada do tomate. J. Trop. Agric. and Fd. Sc. 38(1) 103-114.

Saitou, N. e Nei M. (1987). The neighbor-joining method: anew method for reconstructing phylogenetic trees. Mol. Biol. Evol. 4: 406-425.

Shirling, E. B., e Gottlieb, D. (1966). Métodos para a caraterização de espécies de *Streptomyces*. Int. J. Syst. Bacteriol. 16:313-340.

Sun Y.C. , Chen, Y.C.; Tian, Z. X.; Li,F. M.; Wang,X. Y.; Zhang,J.; Xiao,Z. L.; Lin ,M.; Gilmartin,N.; Dowling, D. N. e Wang, Y. P. (2005) . Novo AroA com elevada tolerância ao glifosato, codificado por um gene de *Pseudomonas putida* 4G-1

isolados de um ambiente extremamente poluído na China. Appl. Enveron. Microbiol. 71: 4771-4776.

Turner, D.; Kovacs, W.; Kuhls, K.; Lieckfeldt, E.; Peter, B.; Arisan Atac, I.;

Strauss, J.; Samuels, G.J.; Borner, T. e Kubicek, C.P. (1998). Biogeografia e variação fenotípica em *Trichoderma* sect. *longibraclatum* e espécies associadas *de Hypocrea* .Mycol. Res., 101:449-549.

Wanner, L. A. (2004). Os isolados de *Streptomyces* no campo diferem em termos de patogenicidade e virulência no rabanete. Plant Dis. 88:785-796.

Wilems A. e M. D. Collins. (1993). Análise filogenética de Rhizobia e Agrobacteria com base em sequências do gene 16s rRNA. Int. J. Syst. Microbiol. 43: 305313.

Willey, J.M., Sherwood, L.M. e Woolverton, C.J. (2008). *Prescott, Harley and Klein's Microbiology,* 7th Edn. EUA: McGraw HillHigher Education.

Xu, L.; Jiang, Y.; Li, W.; Wen, M.; Li, M. e Jiang, C. (2005). *Streptomyces roseoalbus* sp. nov., um actinomiceto isolado do solo em Yunnan, China. Antonie van Leeuwenhoek, 87:189-194.

Parte 2

Identificação de algumas estirpes bacterianas para o controlo biológico da doença da murchidão bacteriana do tomateiro

Introdução

A murchidão bacteriana causada por *Ralstonia solanacearum* **(Yabuuchi *et al.,* (1995)** é principalmente uma doença transmitida pelo solo de ampla distribuição nas regiões tropicais, subtropicais e temperadas quentes do mundo **(Buddenhagen *et al.,* 1962)**. *R. solanacearum* é uma proteobactéria em forma de bastonete, gram-negativa, p, que causa a murchidão bacteriana em mais de 200 espécies de plantas, incluindo muitas culturas economicamente importantes. No Egito, o tomateiro *(Lycopersicon esculentum* Mill.) é considerado uma das culturas hortícolas mais importantes **(FAO, 2009)**. A murchidão bacteriana do tomate causada por *Ralstonia solanacearum* limita a produção de diversas culturas, como a batata, o tomate, a

beringela, o pimento, a banana e o amendoim **(Williamson *et al.*, 2002).** O agente patogénico é um fungo muito difundido e
um fitopatógeno bacteriano economicamente importante (Horita e Tsuchiya, 2001). É difícil controlar a doença da murchidão bacteriana devido à elevada variabilidade do agente patogénico, à possibilidade limitada de controlo químico, à elevada capacidade do agente patogénico para sobreviver em diversos ambientes e à sua gama extremamente vasta de hospedeiros (Anonymous, 2004). A utilização de variedades resistentes tem sido utilizada para reduzir a doença (Dalal *et al.,* 1999). Contudo, a resistência das culturas é frequentemente ultrapassada pela diversidade genética do agente patogénico, bem como pelas interações genótipo x ambiente (Wang *et al.,* 1998). O controlo das doenças está a ser tentado através da rotação de culturas, da cultura intercalar, da adubação orgânica e da utilização de cultivares resistentes. Contudo, o controlo da murchidão bacteriana com base na rotação de culturas é frequentemente dificultado pela vasta gama de hospedeiros do agente patogénico. A aplicação de pesticidas químicos é geralmente considerada como a estratégia mais eficaz e mais rápida para a gestão das doenças das plantas (Kloepperet *al.*, 2004), mas não existe nenhum produto químico eficaz para a murchidão *de Ralstonia.*

O controlo biológico está ainda em fase de investigação (van Overbeeket *al.*, 2002), com poucos estudos relatados para a murchidão bacteriana (Shekhawat *et al.,* 1993; Lwin e Ranamukhaarachchi, 2006; Messiha *et al.,* 2007). O controlo biológico não só aumenta o rendimento das culturas e suprime as doenças, como também evita a poluição ambiental. É importante desenvolver métodos de avaliação de microrganismos antagonistas e incorporá-los numa gestão bem sucedida das doenças. A investigação sobre antagonistas microbianos revelou-se promissora para o controlo da murchidão bacteriana (Lwin e Rnamukhaarachchi, 2006). Toyota e Kimura (1996) relataram o efeito supressivo de algumas bactérias antagonistas sobre *R. solanacearum.* Além disso, Ciampi-Pannoet *al.* (1989) mostraram que os agentes patogénicos antagonistas eram eficazes na supressão de *R. solanacearum* em condições de campo. Vários antagonistas foram avaliados com sucesso variável (Shekhawat *et al.,* 1993). Lwin e Ranamukhaarachchi (2006) relataram uma supressão satisfatória do patógeno da murcha bacteriana pela aplicação de uma mistura comercialmente disponível de microrganismos eficazes (EM). Outros estudos identificaram muitos microrganismos com o potencial de suprimir a murchidão bacteriana, embora a sua eficácia ainda não tenha sido avaliada (Hoang *et al.,* 2004).

Os agentes de controlo biológico são capazes de limitar o crescimento e a atividade dos fitopatógenos bacterianos de duas formas principais: produção de substâncias antimicrobianas e competição por espaço e nutrientes em locais específicos da superfície da planta (local de competição). Os compostos antimicrobianos são de três tipos principais: antibióticos, bacteriocinas e sideróforos. Estes distinguem-se em termos da sua natureza química, atividade antimicrobiana e meios de deteção durante a cultura *in vitro* (Strauch *et al.*, 2001).

O objetivo desta investigação foi isolar e avaliar potenciais antagonistas do solo quanto à sua capacidade de suprimir o crescimento de *R. solanacearum em* condições *in vitro* e *in vivo.*

Materiais e métodos

5.1 Isolamento e identificação do agente patogénico causal:

R alstonia solanacearum foram isoladas de plantas de tomateiro naturalmente doentes com sintomas de murchidão, colhidas em diferentes localidades da província de Minufiya. Os caules de tomateiro infectados foram cortados em pequenos pedaços e colocados em tubos de ensaio com 5 ml de água destilada esterilizada para isolamento padrão (Hildebrand *et al.,* 1988). Deixou-se que as bactérias fluíssem dos feixes vasculares durante 5 a 10 minutos. Uma alça da suspensão bacteriana foi semeada em meio de estetrazólio de Kelman (Kelman, 1954) e incubada a 28oC durante 48 h.

5.2 Teste fisiológico e bioquímico do agente patogénico causal:

Seis isolados bacterianos de tomate foram caracterizados utilizando os seguintes testes: oxidação/fermentação, hidrólise de amido, produção de indol e redução de nitrato (NO3) (Hayward, 1964; Lelliott e Stead, 1987; Hildebrand *et al.,* 1988).

Além disso, os testes como a relação de oxigénio, a produção de levana, o teste da urease, a liquefação de gelatina, a hidrólise de tween 80, a produção de catalase, a tolerância ao cloreto de sódio (5 e 7%), o teste da oxidase e o crescimento em rodelas de batata também foram realizados de acordo com Lelliott e Stead (1987), Hildebrand *et al.,* (1988). Além disso, foram efectuados alguns testes de arginina, dihidrolase, motilidade, utilização de citrato e produção de amoníaco segundo o método de Hildebrand *et al.,* (1988).

5.3 Reação de hipersensibilidade do agente patogénico causal:

Todos os dez isolados de murchidão bacteriana do tomateiro foram testados quanto à reação de hipersensibilidade (HR) em folhas de tabaco. A suspensão bacteriana foi preparada e ajustada a 0,2 OD (densidade ótica) a 600 nm pelo Spectonic 20 (Bausch and Lomb, Co. Ltd.), que era de cerca de 108 unidades formadoras de colónias (ufc) por ml. Um lado das folhas de tabaco completamente expandidas foi infiltrado com 1,0 ml de suspensão bacteriana e os lados opostos com água como controlo. A HR foi observada diariamente durante 5 dias após a infiltração da suspensão bacteriana (He *et al.,* 1983).

5.4 Testes de patogenicidade:

A patogenicidade dos isolados bacterianos foi realizada através da inoculação da cultivar de tomate suscetível GS por cada isolado. Os isolados bacterianos foram cultivados em meio de ágar nutriente durante dois dias a 30°C, suspensos em água destilada esterilizada e foi ajustada uma densidade ótica de 0,1 a 600 nm de comprimento de onda utilizando um espetrofotómetro modelo (6405UV/VIS), aproximadamente 108cfu mL-1. O solo argiloso foi autoclavado durante 3 horas e os vasos de 30 cm de diâmetro foram esterilizados por imersão em fenol a 5%. Mudas saudáveis de tomate *(Lycopersiconesculentum* Mill. Cv Marmand) foram plantadas e colocadas em estufa.

Todas as plantas testadas foram deixadas crescer durante 6-8 semanas ou até atingirem 15-20 cm de altura para cada isolado (cinco plantas de cada parcela e quatro réplicas). A inoculação foi efectuada na fase de três a quatro folhas verdadeiras, perfurando o caule no eixo da terceira folha completamente expandida a partir do ápice com uma agulha embebida em inóculo (Winstead e Kleman, 1952). As plantas inoculadas com água esterilizada serviram de controlo negativo. As plantas inoculadas foram mantidas numa câmara climática com 27/30°C de temperatura dia/noite e 85% de humidade relativa. As plantas foram bem regadas, evitando-se molhar a folhagem durante 24 h (Williamson *et al.,* 2002). O experimento foi realizado com delineamento inteiramente casualizado e repetido duas vezes. A intensidade da murcha foi calculada após a inoculação aos 21 dias, de acordo com Winstead e Kelman (1952), utilizando a seguinte fórmula:

I'c =[y^j2]xIQ0
" (VxN)1

em que, I = intensidade da murchidão (%); ni = número de plantas com a respectiva classificação da doença; vi = classificação da doença (escala seguinte: 1 = ausência de sintomas; 2 = uma folha murcha; 3 = duas a três folhas murchas; 4 = quatro ou mais folhas murchas; 5 = planta morta); V = a classificação mais elevada da doença; e N = o número de plantas observadas.

5.5 Isolamento e identificação das estirpes biológicas:

Para o isolamento de estirpes biológicas da rizosfera do tomate, foram colhidas amostras de solo de tomate em várias zonas da província de Minufiya. Foi colhida uma subamostra de 10 g das amostras de solo de cada local, colocada em frascos Erlenmeyer de 250 ml com 100 ml de água destilada esterilizada (AD) e misturada durante 10 minutos com um agitador magnético. A partir desta suspensão, foi preparada uma série de diluições até 6-10 (James *et al.,* 1990). Quando a colónia bacteriana apareceu no meio, foram escolhidos isolados representativos para este estudo. As culturas puras de estirpes de agentes de biocontrolo foram identificadas utilizando as caraterísticas morfológicas e fisiológicas de acordo com os métodos de Lelliott e Stead (1987), Klement *et al.,* (1990) e Schaad (2001).

5.6 Avaliação in-vitro de potenciais antagonistas:

Seis antagonistas, nomeadamente *Pseudomonas aeruginosa, P. putida, P. syrinagae, P. stutzeri, Bacillus cereus e B. thuringiensis*, foram avaliados *in vitro* contra o agente patogénico da murchidão bacteriana.

Os desenhos experimentais foram um desenho aleatório completo (CRD) com quatro repetições. O método de cultura cruzada e o método do disco de papel de filtro foram utilizados na primeira e na segunda experiência, respetivamente. O meio

PDA foi utilizado em ambas as experiências para favorecer o crescimento de *R. solanacearum* e dos potenciais antagonistas. Destes antagonistas, foram selecionados dois antagonistas mais eficazes com base no grau de inibição do agente patogénico e na taxa de crescimento do antagonista para estudos de avaliação *in vitro*.

5.7 Avaliação *in vivo* de potenciais agentes de biocontrolo:

Os seis potenciais antagonistas selecionados *(P. aeruginosa, P. putida, P. syrinagae, P. stutzeri, B. cereus e B. thuringiensis) foram avaliados in vivo contra R. solanacearumin em estufa, utilizando a variedade de tomate suscetível marmand. cereus e B. thuringiensis)* foram avaliados *in vivo* contra *R. solanacearumin* a estufa usando a variedade de tomate suscetível marmand**,** Os desenhos experimentais foram um desenho aleatório completo (CRD) com cinco réplicas (3seedlind/plot). A temperatura e a humidade relativa da estufa foram fixadas em 30°C e 80%, respetivamente, de modo a favorecer o desenvolvimento da doença. Na experiência em vaso, os antagonistas foram introduzidos uma semana antes da inoculação do agente patogénico. Seis antagonistas selecionados foram aplicados a plântulas de tomate com 21 dias de idade que cresciam em vasos separados, preenchidos com solos esterilizados. Os antagonistas foram aplicados regularmente até 6 vezes com um intervalo de uma semana. Para aplicar os antagonistas, foram utilizados 15 mL de suspensão a uma concentração de 109 ufc/mL de cada um dos seis antagonistas selecionados. Após 60 dias de plantação, foi avaliada a percentagem de redução da doença em cada tratamento, o peso fresco e seco do rebento, o peso fresco e seco da raiz, foram utilizadas 10 plantas para avaliar o rendimento das plantas de tomate.

Análise estatística:

Os dados obtidos foram analisados estatisticamente de acordo com o método de Gomez e Gomez (1984).

5.8 Identificação bacteriana utilizando a amplificação do gene 16s rRNA:

Para a sequenciação do 16S rDNA, foram preparados modelos de ADN para amplificação por PCR, tal como descrito por Marmur (1961), Kawasaki *et al.* (1993), Yamada *et al.* (2000) e Katsura *et al.* (2001). O produto de PCR para a sequenciação das regiões do 16S rDNA foi amplificado utilizando dois primers DNA 20F 5'-GAGTTT GAT CCT GGC TCA G-3', posição 9-27 no 16S rDNA pelo sistema de numeração de *E. coli* (Brosius *et al.,* 1981), ,(Brosius *et al.,* 1981) , (Anónimo, 2007), (Anónimo, 2009) ,(Maniatis *et al.* (1982)e (Kurtzman e Robnett, 1998).

Resultados

Isolamento, identificação, testes fisiológicos e bioquímicos do agente patogénico causal:

Seis estirpes de *R. solanacearum* isoladas de plantas de tomateiro naturalmente doentes foram caracterizadas através de testes fisiológicos e bioquímicos. Todas as seis estirpes foram negativas para arginina dihidrolase e positivas para oxidase, catalase e urease. Todas elas oxidaram citrato no prazo de 4-5 dias após a inoculação, transformando o meio azul em verde. Por outro lado, nenhuma das estirpes hidrolisou o amido ou produziu indol e gelatina liquefeita. As estirpes eram altamente sensíveis ao NaCl a 5% mas não a 7%. Todas as estirpes produziram nitrato e amoníaco após 2-3 dias de inoculação e apresentaram reacções positivas na produção de levedura e motilidade. O teste bioquímico de todas as 6 estirpes de murchidão bacteriana oxidou dissacarídeos, maltose, lactose e celobiose, mudando a cor do meio de verde para amarelo. Por outro lado, as estirpes não conseguiram oxidar os álcoois de açúcar hexose, manitol, sorbitol e dulcitol, mesmo após 28 dias de inoculação (Quadro 1), de acordo com Hayward (1964) e Krieg e Holt (1984).

Tabela 1. Caracterização de *estirpes de Ralstoniasolanacearum* isoladas de plantas de tomate infectadas com murchidão bacteriana na província de Minufiya

	Resultado caraterístico					
	Estirpe1	**Estirpe2**	**Estirpe3**	**Estirpe4**	**Estirpe5**	**Estirpe 6**
Maltose	+	+	+	+	+	+
Lactose	+	+	+	+	+	+
Célobios	+	+	+	+	+	+
Manitol	-	-	-	-	-	-
Sorbitol	-	-	-	-	-	-
Dulcitol	-	-	-	-	-	-

Teste bioquímico/fisiológico

Hidrólise do	-	-	-	-	-	-
Produção de	-	-	-	-	-	-
Hidrólise da	-	-	-	-	-	-
Nitrato produção	+	+	+	+	+	+
Produção Levan	+	+	+	+	+	+
Catalase	+	+	+	+	+	+
Uerase	+	+	+	+	+	+
Oxidativo	+	+	+	+	+	+
Fermentativo	-	-	-	-	-	-
Arginina di-hidro	-	-	-	-	-	-
Crescer	+	+	+	+	+	+
Motilidade	+	+	+	+	+	+
Produção de	+	+	+	+	+	+
Utilização de	+	+	+	+	+	+
Oxidase	+	+	+	+	+	+
Tolerância ao sal a	+	+	+	+	+	+
Tolerância ao sal a 7%	-	-	-	-	-	+

+ Reação positiva ou crescimento; - Reação negativa ou ausência de crescimento

6.2 Reação de hipersensibilidade do agente patogénico causal:

O teste de virulência das estirpes patogénicas foi detectado em estufa. Os resultados indicaram que todas as seis estirpes de *R.solanacearum* eram virulentas (patogénicas) e que se observou uma descoloração amarelada (necrose) (reação positiva) quando as folhas de tabaco foram infiltradas com suspensão de *R.solanacearum* na área infiltrada 5 dias após a inoculação.

6.3 Testes de patogenicidade:

Seis isolados de *R. solanacearum* foram testados em plantas de tomate em condições de estufa. Todos os isolados foram patogénicos para as plantas de tomate e produziram sintomas típicos de murchidão. O isolado n.º 6 apresentou a maior incidência da doença (98,3% de murchidão), seguido do isolado n.º 4, que atingiu 96,5% de murchidão. O isolado n.º 5 causou a percentagem mais baixa (45,5% de murchidão) seguido do isolado n.º 3,2,1 após cinco semanas de inoculação (Fig. 1).

6.4 Isolamento e identificação das estirpes biológicas:

As culturas puras de agentes de biocontrolo isolados da rizosfera do tomateiro *(Pseudomonas aeruginosa, P. putida, P. syrinagae, P. stutzeri, Bacillus cereus e Bacillus thuringiensis)* foram identificadas de acordo com as suas caraterísticas morfológicas, culturais e fisiológicas, tal como indicado no Manual de Bacteriologia Sistemática de Bergey (Quadro 2). De acordo com os resultados acima referidos, o isolado n.º 6 foi utilizado nas experiências seguintes.

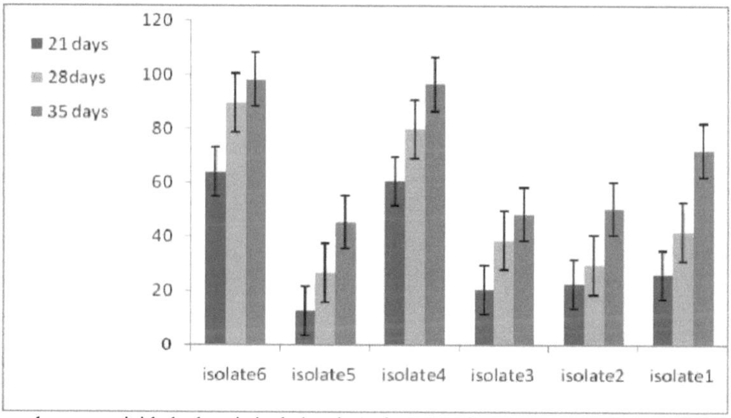

Fig (1): Testes de patogenicidade de seis isolados de *Ralstonia solanacearum* em plantas de tomate da cultivar marmand. As barras indicam o erro padrão.

Tabela 2: Caracterização e identificação das seis estirpes bacterianas

	Resultado caraterístico					
	Estirpe1	**Estirpe2**	**Estirpe3**	**Estirpe4**	**Estirpe5**	**Estirpe6**
Forma das células	Vara	Vara	Vara	Vara	Vara	Vara
Tamanho	Curto	Curto	Curto	Curto	Longo	Longo
Coloração de Gram	-	-	-	-	+	+
Esporulação	-	-	-	-	I	+

Motilidade	+	+	+	+	+	+
Pigmentação	+	+	+	+	-	-
tilização do acúcar:						
Manitol	-	-	-	-	A	-
Frutose	A	A	A	A	A	A
Sacarose	A	A	A	A	A	A
Arabinose	-	-	-	-	-	-
Glicose	A	A	-	A	A	A
Galactose	A	A	A	A	-	A
Lactose	-	A	A	A	-	-
Maltose	A	A	-	A	A	A
Dextrose	A	-	A	-	A	A
Glicerol	A	A	A	A	-	A
Mentol	-	-	-	-	-	-
Rafinose	-	-	-	-	-	-
Hidrólise do amido	-	-	-	-	+	+
Liquefação de gelatina	-	-	-	-	+	+
Formação de indole	-	-	-	-	-	-

+ : Reação positiva ou crescimento- : Reação negativa ou ausência de crescimentoA : Ácido

6.5 Avaliação *in-vitro* de potenciais antagonistas:

Todos os agentes de biocontrolo foram testados contra o fitopatógeno *R. solanacearum* e a sua atividade antagonista. Todos os agentes de biocontrolo mostraram a sua capacidade de inibir o *R. solanacearum com* diferentes distâncias da zona de inibição. *Pseudomonas aeruginosa* e *Bacillus thuringiensis* foram capazes de reduzir significativamente o crescimento do agente patogénico e, de longe, superiores aos outros, mostrando mais zonas de inibição (8,6, 8,2 mm), respetivamente, no método de cultura cruzada e (4,6, 4,3 mm, respetivamente, no método de disco de papel de filtro), enquanto *P. stutzeri* e *P. syrinagae* mostraram a zona de inibição mais baixa do agente patogénico (4,6, 2,7 mm) no método de cultura cruzada e (2,0, 1,5 mm) no método de disco de papel de filtro, como se mostra na Fig.2.

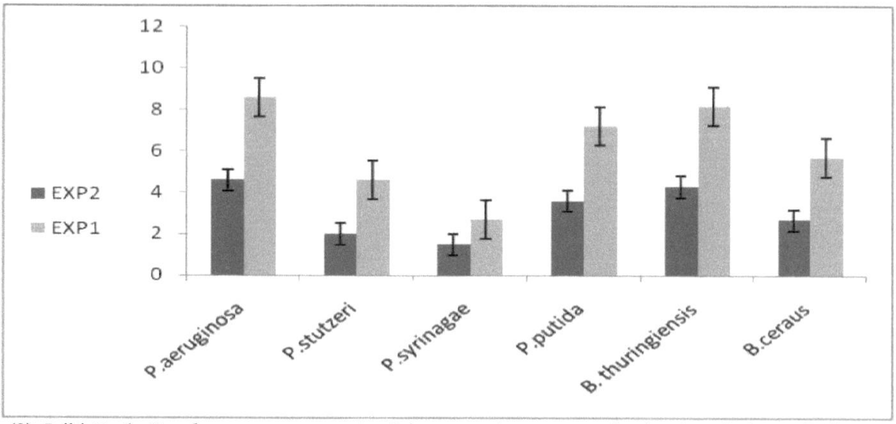

Fig(2): Inibição de *R. solanacearum por* potenciais antagonistas em estudos *in-vitro*. As barras indicam o erro padrão.

EXP1: Método de estrias cruzadasEXP2 : Método do disco de papel de filtro

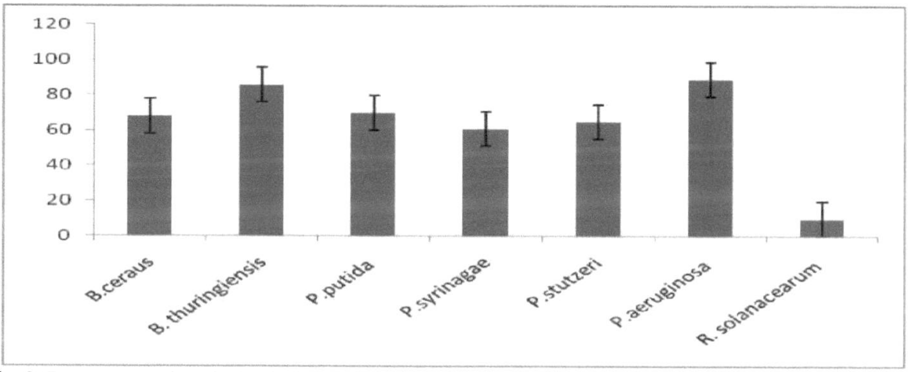

Fig. 3: Percentagem de redução da doença em plantas de tomate tratadas com potenciais antagonistas em condições de estufa. As barras indicam o erro padrão.

6.6 Avaliação *in vivo* de potenciais agentes de biocontrolo

Os resultados apresentados indicam que todos os agentes de biocontrolo tiveram a capacidade de reduzir o crescimento de *R. solanacearum.* A redução mais efectiva dos sintomas da doença foi obtida com a utilização de *Pseudomonas aeruginosa* e *Bacillus thuringiensis.*

A Fig.3 mostra a redução dos sintomas da doença com a utilização destes dois organismos. Os efeitos no peso fresco e seco do rebento e no peso fresco e seco da raiz após o controlo da doença por

controlo da doença por *P. aeruginosa* e *B. thuringiensis* foram mostrados nas (Fig. 4,5) e (Fig. 6,7) respetivamente

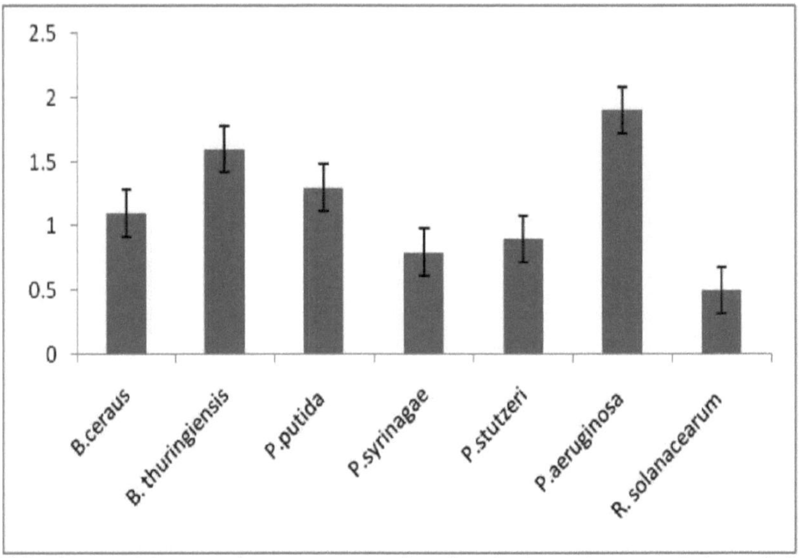

Fig. 4: Efeito de potenciais antagonistas no peso seco das raízes de plantas de tomate. As barras indicam o erro padrão.

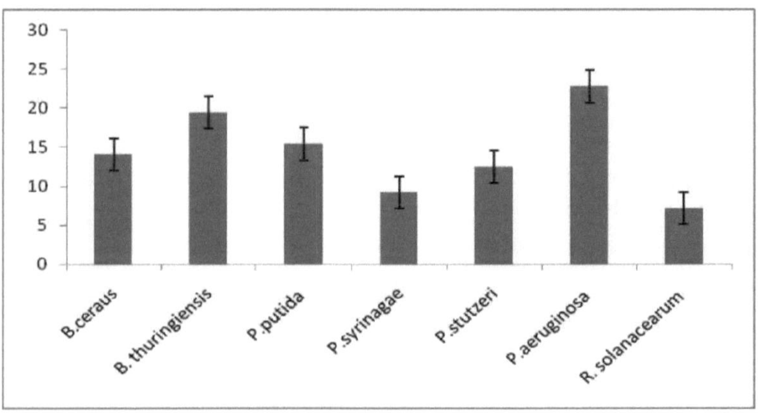

Fig. 5: Efeito dos potenciais antagonistas no peso fresco das raízes das plantas de tomate As barras indicam o erro padrão

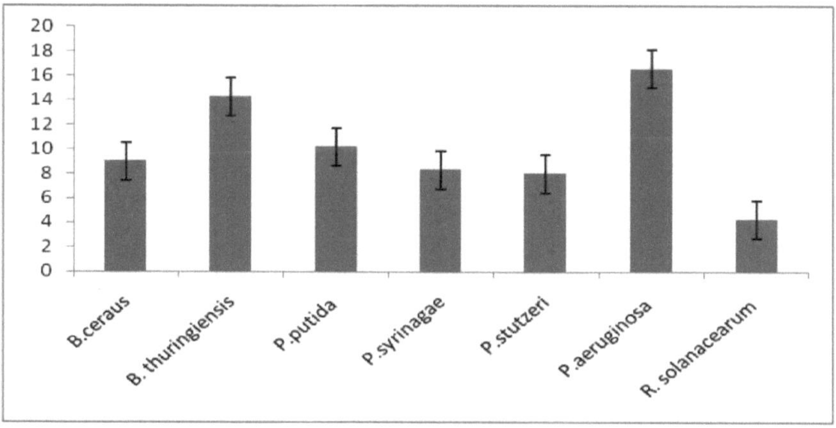

Fig 6: Efeito de potenciais antagonistas no peso seco de rebentos de plantas de tomate As barras indicam o erro padrão.

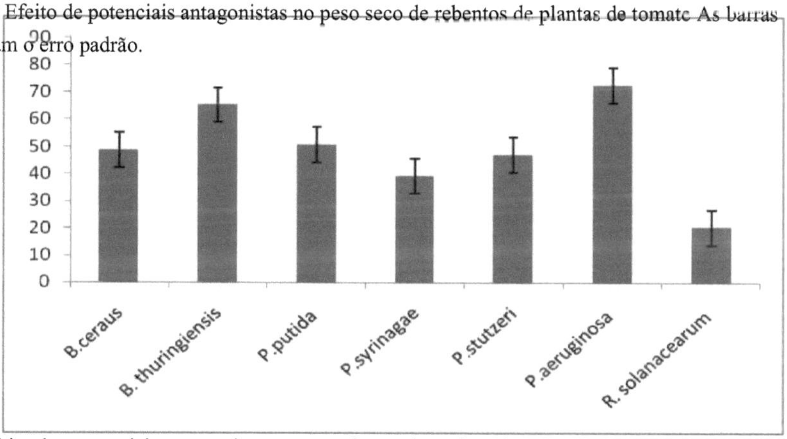

Fig. 7: Efeito dos potenciais antagonistas no peso fresco das raízes das plantas de tomate. As barras indicam o erro padrão

AGAACCTTGGGGTGATGAAGGTCCTAGGGTTGTAAAGCTCTTTCATCCG
T
GAAATATATGATGGTAGGCGAATGAAGAATCCCCGGCTAACTCCAGTGT
T

TAGCAGCCGCGCCTAATATATGAAGGGGGCTAGCGTGATGTGVCAAATT
TAC
TGGGCTAAAGCGCACGCTAGGCGGATCGATCAGTCAGGGGTGAAATCC
C
AGGGCTCAACCCTGGAACTGCCTTTGATACTGTCGATCTGGAGTATGGA
A
GAGGTGAGTGGAATTCCGAGTGTAGAGGTGAAATTCGTAGATATTCGGA
GGAACACCAGTGGCGAAGGCGGCTCACTGGTCCATTATTACTGACGCAT
GAGAG
GTGCGAAAGCGTGGGGAGCAAACAGGATGGAGATACCCTGGTAGTCC
G
GACGCCGTAAACGATGAATGTTAGCCCTCGGGCATTATACTGTTCGGTG
G
CGCAACTAAGGCATTAAACATTCCGCCTGGGGAGTACGGACGCAAGA
T
TAAAAACTCAAAGGAATTGCAAGGGGCCCCGCAGAAAGCGGTGGAGCA
T
GTGGTTTAATTCGAAAGCAACGAGAACAATCTTACCAGGCCTTGCATGC
C
CGGCTAACCTGCCGAGATGCAGGGGGTCCCTTCGGGGGACCGGACA
CAG
GTGCTGCATGGCTGTCTTCAGCTCGTGTACGAGATATTGGGTTAAGTCCC
GCAACGAGCGCGACCCTCGCCCTTATTTGCCAGCATTTAGTTGGGCACT
C TACC

Fig. 8: Sequência do gene 16S rRNA do isolado Ab-453 *(Pseudomonas aeruginosa)*

GGCGGATGTTAAGTTGTTTCTTTGAAGTTAGCGGCGGACGGGTGAGTAA
C
ACGTGGGTGAACCTACCTATGAAGACTGGAATAACTTCGGGAAACCGG
A
GCTAATGCCGGATAACATTTTGGGAACCGCATGGTTCTAAAGTAAAAGA
T
GGTTTTGCTATCACTTATAGATGGACCCGCGCAGTATTAGCTTTATTATT
GGTA

AGTCCGACGGCTTTTTAAGGCAAACTATACGTAGCCGACCTGAGAGGG
T
GATCGGCCACACTGGGAACTGAGAGGGTCCAGACTCCTACGGGGGAG
G
CAGCAGTAGGGAATCTTCCGCAATGGACGAAAGTCTGACGGAAGTAAC
G
CCGCGTGAGTGATGAAGGTTTTCGGATCGTAAAACTCTGTTATTAGGG
A
AGAACAAAATGTGTAAGTAACTGTGCACATTTTGACGGTACCCAATCAG
A
AAGCCAGGGGCTAACTACTGGCCAGCAGCCGCGGTAATACGTAGGGTG
G
CAAGCGTTATCCGGAATTATTGGGCGTAAAGCGCGCGTAGGCGGTTTCT
T
AAGTCTCGATGTGAAAGCCCACGGCTCAACCGTGGGGGTCATTGAAACT
GGGGAAACTTGAGTACAGAATGATTGA

Fig. 9: Sequência do gene 16S rRNA do isolado Ab-1 *(Bacillus thuringiensis)*

Capítulo 7: Discussão

Neste estudo, os resultados indicam que os seis isolados bacterianos obtidos a partir de plantas de tomateiro naturalmente doentes, recolhidos em diferentes localidades da província de Minufiya, provaram ser patogénicos e capazes de infetar plantas de tomateiro, causando sintomas de murchidão e variando na sua patogenicidade.
Foram identificados como *Ralstoniasolanacearum.* Os presentes resultados concordam com os relatados por El-Ariqiet *al*., (2005) e Seleimet *al.,* (2011). Afirmaram que *Ralstoniasolanacearum* produziu colónias fluidas e irregulares com centros rosa ou vermelho claro a 30oC após 48 h de incubação.
Todos os agentes de bio-controlo testados mostraram a sua capacidade de reduzir a severidade da doença da murchidão bacteriana e aumentaram a percentagem de germinaçao. O nível mais elevado de germinação foi alcançado quando as sementes de tomate foram submetidas a *Pseudomonas aeruginosa* e *Bacillus thuringiensis*. Foi relatado o controlo biológico através da utilização de estirpes antagonistas *de Pseudomonas* fluorescentes contra doenças do tomateiro transmitidas pelo solo

(Vogt e Buchenauer 1997; Anithet *al.*, 2004). *As Pseudomonas* spp. são metabolicamente muito activos e têm um crescimento elevado e colonizam de forma agressiva os sistemas radiculares (Burr *et al.*, 1978). Algumas destas bactérias pertencentes especificamente a *P.aeruginosa* causaram um aumento substancial no crescimento e rendimento das plantas. Estas pertencem à categoria das bactérias promotoras do crescimento das plantas (PGPB). *As pseudomonadas* também desempenham um papel na promoção do crescimento através da produção de hormonas vegetais e de outras substâncias promotoras do crescimento.

Por outro lado, *Bacillus* spp., especificamente os pertencentes a *Bacillus thuringiensis*, desempenham um papel no controlo biológico da murchidão bacteriana do tomateiro devido ao seu rápido crescimento em caldo de cultura, elevada tolerância térmica e pronta formação de esporos de resistência (Broadbent *et al., 1971*), 1971).Em condições in vitro, os resultados confirmam claramente que as plantas tratadas com *P. aeruginosa* e *B. thuringiensis* reduziram significativamente a doença em comparação com o controlo infetado. A redução da doença por *P. aeruginosa* e *B. thuringiensis* na colonização de raízes de plantas pode ocorrer diretamente, através da competição por espaço, nutrientes e nichos ecológicos ou produção de substâncias antimicrobianas e indiretamente, através da indução de resistência sistémica (ISR) (Kloepper e Beauchamp, 1992; Liu *et al.*, 1995). *P. aeruginosa* e *B. thuringiensis* podem induzir a promoção do crescimento das plantas através de modos de ação diretos ou indirectos (Kloepperet *al.,1998;* Beauchamp, 1993; Lazarovits e Nowak, 1997). Diretamente, através da produção de reguladores de crescimento vegetal (auxinas, citocininas, giberelinas) e da facilitação da absorção de nutrientes (fixação de azoto, solubilização de fósforo). Indireta por *P. aeruginosa* e *B. thuringiensis* diminuem ou previnem os efeitos deletérios dos fitopatógenos nas plantas através da produção de substâncias inibitórias (antibióticos, metabolitos antifúngicos, sideróforos quelantes de ferro, enzimas que degradam a parede celular e competição por sítios nas raízes) ou através do aumento da resistência natural do hospedeiro (resistência sistémica induzida).

Os resultados in vivo confirmam claramente que a aplicação de *P. aeruginosa* e *B. thuringiensis* como potenciais bioagentes no controlo da murchidão bacteriana do tomateiro em condições de estufa. Os presentes resultados estão de acordo com os relatados por Guoet *al.*, (2004), que relataram a redução da doença da murchidão *de*

R. solanacearum e o aumento do rendimento das plantas de tomate após o tratamento com *Bacillus* spp. e *Pseudomonas* spp. Também (Seleimet *al.,* 2011) registou uma redução de 96% da doença da murchidão bacteriana do tomateiro em condições de estufa utilizando *Pseudomonas* spp.

Referências

Anith, K.N.; Momol, M.T.; Kloepper, J.W.; Marios, J.J.; Olson, S.M. e Jones, J.B. (2004). Eficácia das rizobactérias promotoras do crescimento das plantas, do acibenzolar-s-metil e da correção do solo na gestão integrada da murchidão bacteriana do tomateiro. Plant Dis., 88: 669- 673.

Anónimo (2004). *Ralstonia solanacearum. Boletim OEPP/EPPO*, 34: 173-178. 3.

Anónimo (2007). Bioedit, programa editor de alinhamento de sequências biológicas para win 95/98/NT/2000/XP. http://www. mbio.ncsu.edu/BioEdit/BioEdit.html. Recebido em 27 de outubro de 2009.

Anónimo (2009). Blastassembledgenomes, http://blast.ncbi.nlm.nih.gov/Blast.cgi. Recebido a 19 de outubro de 2009.

Beauchamp, C.J. (1993). Modo de ação das rizobactérias promotoras do crescimento das plantas e sua potencial utilização como agentes de controlo biológico. Phytoprotection, 71: 19-27.

Bergey's Manual of Systematic Bacteriology (Manual de Bacteriologia Sistemática de Bergey). 2ª edição, Springer, Nova Iorque, Berlim, Heidelberg.

Broadbent, P.; Baker, K.F. e Waterworth, Y. (1971). Bactérias e actinomicetos antagonistas de fungos patogénicos de raízes em solos australianos Aust.J.Bio1.sci., 24:925-944.

Brosius, J.; Dull T.J.; Sleeter D.D. e Noller H.F. (1981). Organização genética e estrutura primária de um operão de ARN ribossómico de *Escherichia coli.* Journal of Molecular Biology,148: 107-127.

Buddenhagen, I.; Sequeria, L. e Kelman,A. (1962). Designação de raças de *Pseudomonas solanacearum.* Phytopathology, 52:726. (Resumo).

Burr, T.J.; Schroth, M.N. e Suslow, T. (1978). Aumento do rendimento da batata pelo tratamento de pedaços de sementes com estirpes específicas de Pseudomonas *fluorescens e Pseudomonasputida.* Phytopathology, 68: 1377-1383.

Ciampi-Panno Fernandez, C.; Bustamante,P.; Andrade, N.; Ojeda, S. e Conteras, A.(1989). Biological control of bacterial wilt of potatoes caused by *Pseudomonas solanacearum*. American Potato Journal, 66: 315-332.

Dalal, N.R.; Dalal, S.R.; Dalal, V.; Golliwar, G. e Khobragade, R.I. (1999). Studies on grading and pre-packaging of some bacterial wilt resistant brinjal *(Solanum melongena* L.) varieties. J. SoilsCrops, 9: 223-226.

El-Ariqi, S.N.S.; El-Moflehi, M.; El-Arbara, K.; El-Kobati, A. e El-Shaari, A. (2005). Atividade antibacteriana de extractos de *Withaniasomnifera* e *Aloe veraaginst Ralstonia solanacearum* em batata. Arab J. Plant Protect, 23: 95-99.

FAO (2009). Dados sobre a agricultura. Organização das Nações Unidas para a Alimentação e a Agricultura, Roma, Itália. http://faostat.fao.org/

Gomez, K.A. e Gomez, A.A. (1984). Statistical Procedures for Agriculture Research. 2nd Edn., Wiley-IEEE, New York, Pages: 680.

Guo, J.H.; Qi, H.Y.; Guo, Y.H.; Ge, H.L.; Gong, L.Y; Zhang, L.X. e Sun, P.H. (2004). Biocontrolo da murchidão do tomateiro por rizobactérias promotoras do crescimento das plantas. Biol. Control, 29: 66-72.

Hayward, AC. (1964). Caraterísticas de *Pseudomonas solanacerum.* J. App. Bacteriol., 27:265-277.

He, L.Y.; Sequeira, L. e Kelman, A. (1983). Characteristic of *Pseudomonas solanacearumfrom* China. *Plant Disease* 67:1357-1361.

Hildebrand, D.C.; Schroth, M.N. e Sands, D.C. (1988). Laboratory guide for identification of plantpathogenic bacteria. Pp. 60-81. In: *Pseudomonas* (NW Schaad, ed). The American Phytopathological Society, St. Paul, Minnesota.20.

Horita, M. e Tsuchiya, K. (2001). Diversidade genética de estirpes japonesas de *Ralstoniasolanacearum.* Phytopathology, 91:399-407.

Hoang H.L.; Furuya, N.; Kurose, D.;Yamamoto I.; Takeshita, M. e Takanami,Y. (2004). Identificação dos isolados bacterianos endofíticos e seu antagonismo in vitro e in vivo contra *Ralstonia solanacearum.Journal* of the Faculty of Agriculture Kyushu University, 49: 233-241.

Jacobson, C.B.; Pasternak, J.J. e Glick, B.R. (1994). Purificação parcial e caraterização da 1-aminociclopropano-1-carboxilato desaminase da rizobactéria promotora do crescimento de plantas *Pseudomonas putida* GR12-2. Can. J. Microbiol, 40: 1019-1025.

James, N.; Roitman, L.; Noreen, E., Mahoney e Wojciech, J. e Janisiewicz. (1990).Produção e composição de metabolitos de fenilpirrol produzidos por *Pseudomonas cepacia.* Applied Microbiology and Biotechnology, 34:381-386.

Katsura K.; Kawasaki H.; Potacharoen W.; Saono S.; Seki T.; Yamada Y.; Uchimura T. e Komagata K. (2001). *Asaiasiamensissp.nov.,* uma bactéria do ácido acético das Proteobactérias. International Journal of Systematic and Evoutionary Microbiology, 51: 559-563.

Kawasaki, H.; Hoshino, Y.; Hirata, A. e Yamasato, K. (1993). A estrutura da membrana intracitoplasmática é um critério genérico? Não coincide com as inter-relações filogenéticas entre as bactérias fotossintéticas púrpuras sem enxofre. Archives of Microbiology, 160: 358-362.

Kelman, A. (1954). The relationship of pathogenicity in *Pseudomonas solanacearumto* colony appearance on a tetrazolium medium. Phytopathology, 44: 693-695.

Klement, Z.; Rudolph, K.e Sands, D.C. (1990). Methods in Phytobacteriology. Akademiai Kiado, Budapeste, Páginas: 568.

Kloepper, J.W., D.J. Hume, F.M. Scher, C. Singleton e B. Tipping *et al.*, (1988). Rizobactérias promotoras do crescimento de plantas em canola (colza). Plant Dis., 72: 42-46.

Kloepper, J.W. e Beauchamp, C.J. (1992). A review of issues related to measuring of plant roots by bacteria. Can. J. Microbiol, 38: 1219- 1232.

Kloepper, J.W.; Ryn, C.M. e Zhang, S. (2004). Indução de resistência sistémica e promoção do crescimento das plantas por *Bacillus* sp.Phytopathology, 94: 1259-1266.

Krieg, N.R. e Holt, J.G. (1984). Bergey's Manual of Systematic Bacteriology (Manual de Bacteriologia Sistemática de Bergey). Vol. 1, Williams and Wilkins, Baltimore.

KurtzmanC.P., Robnett C.J. (1998). Identificação e filogenia de leveduras ascomicetas a partir da análise de sequências parciais de DNA ribossómico nuclear de subunidade grande (26S). Antonie van Leeuwenhoek, 73: 331-371.

Lazarovits, G. e Nowak, J. (1997). Rhizobacteria for improvement of plant growth and establishment. Hortiscience, 32: 188-192.

Lelliot, R.A. e Stead, D.E. (1987). Methods for the Diagnosis of Bacterial Diseases of Plants (Métodos para o Diagnóstico de Doenças Bacterianas de Plantas). In: Methods in Plant Pathology, Preece, T.F. (Ed.). Blackwell Science, Oxford, pp: 2-216.

Liu, L.; Kloepper, J.W. e Tuzun, S. (1995). Indução de resistência sistémica no pepino contra a mancha angular bacteriana das folhas por rizobactérias promotoras do crescimento das plantas. Phytopathology, 85: 843-847.

Loper, J.E. e Schroth, M.N.(1986). Influência de fontes bacterianas de ácido indol-3-acético no alongamento da raiz da beterraba sacarina. Phytopathology, 76: 386-389.

Lwin, M., Ranamukhaarachchi, S.L. (2006). Desenvolvimento do controlo biológico de *Ralstonia solanacearum* através de populações microbianas antagónicas. Jornal Internacional de Agricultura e Biologia, 8: 657-660.

Maniatis, T.; Fritsch, E.F. e Sambrook, J. (1982). Molecular Cloning: A Laboratory Manual. Cold Spring Harbor Laboratory, Cold Spring Harbor, Nova Iorque, NY, EUA. 38.

Marmur, J. (1961). A procedure for isolation of eoxy ribonucleic acid from microorganisms. Journal of Molecular Biology, 3: 208-218.

Messiha, N.A.S.; van Diepeningen, A.D.; Farag, N.S.; Abdallah, S.A.; Janse, J.D. ; van Bruggen, A.H.C. (2007). Pathogenic bacteria, Pp. 60-81. In: *Pseudomonas* (NW Schaad, ed). Sociedade Americana de Fitopatologia, St. Paul, Minnesota.

Ramamoorthy, V.; Raguchander, T. e Samiyappan, R. (2002). Aumento da resistência do tomate e do pimentão às doenças de Pythium através do tratamento de sementes com pseudomonas fluorescentes. Eur. J. Plant Pathol, 108: 429- 441.

Schaad, W. (2001). Laboratory Guide For Identification Of Plant Pathogenic Bacteria. 3rd Edn. APS Press, Nova Iorque, páginas: 373.

Seleim, F.A.; Saead, K.M.H.; Abd-El- Moneem e Abo-ELyousr, K.A.M. (2011). Controlo biológico da murchidão bacteriana do tomateiro por rizobactérias promotoras do crescimento das plantas. Jornal de Patologia Vegetal, 10: 146-153.

Shekhawat, G.S., Chakrabarti S.K., Kishore V., Sunaina V., Gadewar A.V., (1993). Possibilidades de gestão biológica da murchidão bacteriana da batateira com estirpes de *Bacillus sp., P. fluorescensand tinomycetes.* In: Hartman G.L., Hayward A.C. (eds). Bacterial Wilt, pp. 327-330. ACIAR Proceedings, No. 45: Centro Australiano para a Investigação Agrícola Internacional, Camberra, Austrália.

Strauch, E.; Kaspar, H.; Schaudinn, C.; Dersch, P.; Madela, K.; Gewinner, C. Hertwig, S.; Wecke, J. e Appel, B. (2001). Caracterização da enterocoliticina, uma bacteriocina semelhante a uma cauda de fago e o seu efeito em *estirpes* patogénicas *de Yersinia enterocoliticastrains.* Appl. Environ. Microbiol, 67: 5634-564.

Toyota, K. e Kimura M. (1996). Crescimento do agente patogénico da murchidão bacteriana *Pseudomonas solanacearum* introduzido no solo colonizado por bactérias individuais do solo.*Soil Biology and Biochemistry* 28: 1489-1494.

vanOverbeekM.;Cassidy M.;Kozdroj J.; Trevors J.T.; Van Elsas J.D. (2002). A polyphasic approach for studying the interaction between *Ralstonia solanacearum* and potential control agents in the tomato *phytosphere.Journal Microbiology Methods* 48: 69-86.

Vogt, W. e Buchenauer,H. (1997). Melhoria do controlo biológico através da combinação de estirpes antagonistas *de Pseudomonas* fluorescentes e indutores de resistência contra o míldio e o oídio do pepino. J. Plant Dis. Protect. 104, 272-280.

Wang, J. F.; Hanson, P. e Barnes, J.A. (1998). Avaliação mundial de um conjunto internacional de fontes de resistência à murchidão bacteriana do tomateiro In: Prior P., Allen C., Elphinstone J. (eds). Bacterial wilt disease. Aspectos moleculares e ecológicos. Second International Bacterial Wilt Symposium, pp. 269-279, Springer, Berlim, Alemanha.

Williamson, L.; Nakaho, K.; Hudelson, B.e Allen, C. (2002). *Ralstonia solanacearum* raça 3, biovar 2 estirpes isoladas de gerânio são patogénicas para a batata. Plant Dis., 86: 987-991.

Winstead, N.N. e Kelman, A.(1952). Técnicas de inoculação para avaliar a resistência a *Pseudomonas soslanacearum.* Phytopathology, 42: 628-634.

Yabuuchi, E.;Kosako, Y.;Yano,I.; Hotta, H. e Nishiuchi, Y. (1995). Transferência de duas *espécies de Burkholderia* e *Alkanigens* para o *género Ralstonia.* Nov.; Proposta de *Ralstonia pickettii* (Ralston, Palleroni e Doudoroff, 1973) Comb. Nov. e *Ralstonia eutropha* (Davis, 1969) comb. Microbiol. Immunol, 39: 897-904.

Yamada, Y.; Katsura, K.; Kawasaki, H.; Widyastuti, Y.; Saono, S.; Seki, T.; Uchimura, T. e Komagata, K. (2000). *Asaiabogorensis* gen. nov., sp. nov., uma bactéria de ácido acético invulgar das bactérias Proteo. International Journal of Systems Evolution Microbiology, 50: 823-829.

MIX
Papier aus verantwortungsvollen Quellen
Paper from responsible sources
FSC® C105338

Printed by Books on Demand GmbH, Norderstedt / Germany